¡Conocimiento a tope!

Iniciadores científicos

¡Elige reusar!

Crystal Sikkens

Traducción de Pablo de la Vega

CRABTREE
PUBLISHING COMPANY
WWW.CRABTREEBOOKS.COM

Objetivos específicos de aprendizaje:
Los lectores:

- Comprenderán que la gente produce basura dañina.
- Describirán cómo podemos reducir la basura usando las 3 erres: reducir, reusar, reciclar.
- Identificarán las razones que da la autora para explicar cómo la basura afecta al entorno y cómo podemos ayudar.

Palabras de uso frecuente (primer grado)	Vocabulario académico
como, con, desde, hacer, por, puede, sabías	plástico, reciclar, reducir, reusar, tierra, vertederos

Estímulos antes, durante y después de la lectura:

Activa los conocimientos previos y haz predicciones:
Escribe las siguientes oraciones en la pizarra:

- Una botella de plástico puede durar 1,000 años.
- La mayoría de la gente produce 4 libras (1.8 kg) de basura cada día.
- Las botellas de plástico pueden ser convertidas en ropa.

Pide a los niños que voten al respecto de las afirmaciones anteriores para decir si piensan que son verdaderas o falsas (todas son verdaderas). Luego, pídeles que lean el título del libro. Pregúntales cómo piensan que se relacionará el libro con la actividad que acaban de realizar.

Durante la lectura:
Después de leer las páginas 8 a 12, pide a los niños que describan el término «plástico desechable» en sus propias palabras. Pregunta:

- ¿Cómo hace daño el plástico desechable?
- ¿Qué ejemplos usó la autora para explicar esa idea?

Después de la lectura:
Pide a los estudiantes que repitan las tres maneras de ayudar al entorno sobre las que aprendieron en el libro (reducir, reusar, reciclar). Divídelos en grupos y ponlos a hacer una lluvia de ideas sobre las maneras en que pueden comenzar a usar alguno de estos métodos de inmediato.

Author: Crystal Sikkens

Series development: Reagan Miller

Editors: Bonnie Dobkin, Janine Deschenes

Proofreader: Melissa Boyce

STEAM notes for educators: Bonnie Dobkin

Guided reading leveling: Publishing Solutions Group

Cover and interior design: Samara Parent

Photo research: Crystal Sikkens and Samara Parent

Print coordinator: Katherine Berti

Translation to Spanish: Pablo de la Vega

Edition in Spanish: Base Tres

Photographs:
Alamy: Barry Diomede: title page
iStock: therpsihora: p. 4 (l); karayuschij: p. 12; mightyisland: p. 13 (t)
Shutterstock: ingehogenbijl: p. 17
All other photographs by Shutterstock

Library and Archives Canada Cataloguing in Publication

Title: ¡Elige reusar! / Crystal Sikkens ; traducción de Pablo de la Vega.
Other titles: Choose to reuse! Spanish
Names: Sikkens, Crystal, author. | Vega, Pablo de la, translator.
Description: Series statement: ¡Conocimiento a tope! Iniciadores científicos | Translation of: Choose to reuse! | Includes index. | Text in Spanish.
Identifiers: Canadiana (print) 20200300016 | Canadiana (ebook) 20200300024 | ISBN 9780778783961 (hardcover) | ISBN 9780778784081 (softcover) | ISBN 9781427126481 (HTML)
Subjects: LCSH: Recycling (Waste, etc.)—Juvenile literature. | LCSH: Waste minimization—Juvenile literature. | LCSH: Environmental protection—Juvenile literature. | LCSH: Sustainable living— Juvenile literature.
Classification: LCC TD794.5 .S5518 2021 | DDC j363.72/82—dc23

Library of Congress Cataloging-in-Publication Data

Names: Sikkens, Crystal, author. | Vega, Pablo de la, translator.
Title: ¡Elige reusar! / Crystal Sikkens ; traducción de Pablo de la Vega.
Other titles: Choose to Reuse! Spanish
Description: New York : Crabtree Publishing Company, 2021. | Series: ¡Conocimiento a tope! Iniciadores científicos | Includes index.
Identifiers: LCCN 2020033572 (print) | LCCN 2020033573 (ebook) | ISBN 9780778783961 (hardcover) | ISBN 9780778784081 (paperback) | ISBN 9781427126481 (ebook)
Subjects: LCSH: Waste minimization--Juvenile literature. | Recycling (Waste, etc.)--Juvenile literature.
Classification: LCC TD792 .S5518 2021 (print) | LCC TD792 (ebook) | DDC 363.72/82--dc23

Printed in the U.S.A./102020/CG20200914

Índice

Crabtree Publishing Company
www.crabtreebooks.com 1-800-387-7650

In Canada: We acknowledge the financial support of the Government of Canada through the Canada Book Fund for our publishing activities.

Published in Canada
Crabtree Publishing
616 Welland Ave.
St. Catharines, Ontario
L2M 5V6

Published in the United States
Crabtree Publishing
347 Fifth Ave
Suite 1402-145
New York, NY 10016

Published in the United Kingdom
Crabtree Publishing
Maritime House
Basin Road North, Hove
BN41 1WR

Published in Australia
Crabtree Publishing
Unit 3 – 5 Currumbin Court
Capalaba
QLD 4157

Basura dañina

Sara está emocionada por su fiesta de cumpleaños. Tiene globos y bolsas de sorpresas para sus amigos. Tiene vasos, succionadores, platos y tenedores de **plástico** para la comida y las bebidas.

Lo que Sara no sabe es que muchos de estos objetos se convierten en basura. La basura puede **dañar** el **entorno**.

La basura es cualquier cosa que es desechada. Cuando acaba la fiesta de Sara, le ayuda a sus papás a limpiar. Tiran los objetos usados.

Nuestro entorno

El entorno es todo lo que nos rodea. Incluye aire, agua y tierra.

Mira el entorno a tu alrededor. ¿Qué otros seres vivos ves?

Plantas, animales y personas necesitan un entorno limpio para mantenerse saludables.

A veces, las cosas que hacemos o usamos dañan el entorno. Un entorno enfermo nos puede hacer daño.

Plástico desechable

Muchos de los objetos usados en la fiesta de Sara están hechos de plásticos desechables. Esto significa que son usados solo una vez y luego tirados a la basura.

Entre los objetos de plástico desechable están las bolsas para las compras y las botellas de agua. ¿Puedes pensar en otros objetos de plástico desechable?

La mayor parte de la basura es llevada a un **vertedero**. Es colocada en un hoyo profundo y cubierta con tierra. A veces, esta basura daña el entorno que la rodea.

Los vertederos de basura pueden dañar el entorno al **contaminarlo**.

Basura oceánica

A veces, la gente deja objetos de plástico en el suelo. También pueden ser llevados por el viento desde los vertederos o arrastrados por la lluvia. Estos objetos de plástico suelen llegar a océanos, lagos y ríos.

La basura de plástico puede contaminar el agua y la tierra.

Los animales que viven en o cerca del agua podrían comerse el plástico o quedar atrapados en él. Esto puede herirlos o matarlos.

Algunos animales piensan que la basura de plástico es comida.

Problema plástico

¿Sabías que a algunas piezas de plástico les puede tomar hasta 1,000 años desaparecer por completo?

Con el paso del tiempo, la basura puede desaparecer, o descomponerse, en el entorno. Algunos tipos de basura, como los restos de comida, se descomponen fácilmente. El plástico es un tipo de basura al que le toma mucho tiempo descomponerse.

Entonces, ¿qué podemos hacer para ayudar al entorno? ¡Podemos **reducir**, **reusar** y **reciclar**!

Reducir

Reducir significa usar menos o comprar menos. Cuando reducimos, producimos menos basura.

Usar bolsas de tela en lugar de bolsas de plástico al comprar puede ayudar a reducir la basura.

Intenta llevar a la escuela un almuerzo que no produzca basura. Pon la comida en contenedores en lugar de usar bolsas de plástico desechables. Lleva una lonchera reusable.

Llevar un almuerzo libre de basura es una manera de reducir la basura en la escuela. Otra manera es reusando el papel en lugar de tirarlo.

Reusar

Cuando reusamos también reducimos. Reusar significa usar algo una y otra vez o de una manera distinta.

Las botellas de agua pueden ser reusadas como macetas. Así no tendrás que comprar muchas macetas. Usar las botellas de agua de maneras distintas también reduce la basura.

Los juguetes o la ropa que no necesitas pueden ser usados por alguien más. Eso significa menos basura.

La gente compra y vende cosas usadas en las ventas de segunda mano.

Reciclar

¿Sabías que las botellas de plástico pueden ser transformadas en camisetas? ¡Esto es posible si las reciclas! Reciclar es tomar cosas viejas y convertirlas en algo nuevo.

Reciclamos al colocar objetos en cestos de reciclaje.

El papel, el vidrio y el plástico son sólo algunas de las cosas que pueden ser recicladas y convertidas en objetos nuevos.

Los periódicos pueden ser reciclados y convertidos en muchas cosas nuevas.

Usando las 3 erres

¿Qué podría hacer Sara para reducir la basura en su fiesta? ¿Cómo podría reusar y reciclar?

platos, vasos y tenedores reusables

bolsas de sorpresas que puedan ser recicladas

pizarras reusables en lugar de globos.

Reducir, reusar y reciclar suelen ser conocidas como las 3 erres. Ayuda a tu familia y amigos a encontrar maneras de usar las 3 erres.

¡El entorno necesita la ayuda de todos para mantenerse sano!

Palabras nuevas

contaminarlo: verbo. Ensuciarlo, especialmente con basura dañina.

dañar: verbo. Hacer mal, daño.

entorno: sustantivo. Lo que nos rodea, es decir el aire, el agua, el suelo y los edificios.

plástico: sustantivo. Un material que puede ser moldeado fácilmente y es usado para crear mucho objetos.

reciclar: verbo. Tomar algo viejo y convertirlo en algo nuevo.

reducir: verbo. Comprar menos o usar menos.

reusar: verbo. Usar de nuevo o de una nueva manera.

vertedero: sustantivo. Un hoyo en el suelo donde es colocada la basura y cubierta con tierra.

Un sustantivo es una persona, lugar o cosa.

Un verbo es una palabra que describe una acción que hace alguien o algo.

Un adjetivo es una palabra que te dice cómo es alguien o algo.

Índice analítico

Sobre la autora

Crystal Sikkens ha estado escribiendo, editando y haciendo investigaciones fotográficas para Crabtree Publishing desde 2001. Ha ayudado en la producción de cientos de títulos de diversos temas. Recientemente escribió dos libros para la popular serie Be An Engineer.

Para explorar y aprender más, ingresa el código de abajo en el sitio de Crabtree Plus.

www.crabtreeplus.com/fullsteamahead

(página en inglés)

Tu código es:
fsa20

Notas de STEAM para educadores

¡Conocimiento a tope! es una serie de alfabetización que ayuda a los lectores a desarrollar su vocabulario, fluidez y comprensión al tiempo que aprenden ideas importantes sobre las materias de STEAM. *¡Elige reusar!* ayuda a los lectores a identificar las razones y los ejemplos usados por la autora para respaldar ideas clave acerca de la basura y el entorno. La actividad STEAM de abajo ayuda a los lectores a expandir las ideas del libro para el desarrollo de habilidades científicas y tecnológicas.

¡Reúsalo!

Los niños lograrán:

- Hacer lluvias de ideas sobre maneras de dar un uso nuevo a un objeto de la vida diaria y crear una nueva tecnología.
- Comparar soluciones con sus compañeros.

Materiales

- 5 cartones de huevo vacíos.
- 5 botellas de plástico de litro o pinta.
- 5 toallas de papel o tubos de papel del baño.
- Hoja de trabajo «Elige reusar».
- Hoja de trabajo con las direcciones del proyecto «Elige reusar».

Guía de estímulos

Después de leer *¡Elige reusar!*, pregunta a los niños:

- ¿Cómo pueden hacer daño la basura y los desechos?
- ¿Qué son las 3 erres? ¿Por qué son importantes?

Actividades de estímulo

Pide a los niños que miren la fotografía de la página 16. Señala que gracias a que alguien pensó en un nuevo uso para una botella de agua, ¡la botella no terminó en la basura!

Di a los niños que tendrán una oportunidad de reusar un objeto que ya no quieran. Divide a los niños en grupos de tres. Da a cada grupo un cartón de huevo vacío, una botella de plástico o un tubo de papel.

Explícales que crearán una nueva tecnología con el objeto que les diste. Repasa la definición de «tecnología» y menciona algunos ejemplos.

- Una tecnología es cualquier cosa que hace la vida más fácil, segura y divertida.

Da a los niños tiempo para hacer una lluvia de ideas y anotarlas en la hoja de trabajo «Elige reusar». Si necesitan ayuda, he aquí algunas posibilidades:

- cartón de huevo: tazas de pintura, fertilizante, organizador para cosas pequeñas.
- botella de plástico: comedero de pájaros, alimentador para mascotas, matraca.
- tubo de papel: portalápices, maracas, binoculares.

Extensiones

Da a los niños la oportunidad de practicar la escritura de instrucciones claras. Entrega a cada grupo una hoja de trabajo con las direcciones del proyecto «Elige reusar». Pídeles que escriban instrucciones con dibujos que ayuden a otros a crear la nueva tecnología que inventaron.

Para ver y descargar las hojas de trabajo, visita **www.crabtreebooks.com/resources/printables** o **www.crabtreeplus.com/fullsteamahead** (páginas en inglés) e ingresa el código **fsa20**.